AF586586

NOTICE

SUR

L'ININFLAMMABILITÉ.

NOTICE

SUR

L'ININFLAMMABILITÉ

DES

Pailles, Papiers, Bois, Huiles, Goudrons, Peintures et Tissus de toute nature,

PAR LES PROCÉDÉS

BREVETÉS EN FRANCE ET A L'ÉTRANGER

DE

A. CARTERON

FOURNISSEUR DE LL. MM. L'EMPEREUR ET L'IMPÉRATRICE.

ROUEN,

IMPRIMERIE H. RIVOIRE ET Ce, RUE SAINT-ÉTIENNE-DES-TONNELIERS, 1er.

1859

NOTICE

SUR LES

PROCÉDÉS D'ININFLAMMABILITÉ

SYSTÈME CARTERON

SUIVIE DES ARTICLES DE JOURNAUX MENTIONNANT LES DIVERSES EXPÉRIENCES FAITES D'APRÈS CE SYSTÈME.

De tout temps, les moyens de prévenir les incendies ont provoqué les recherches des savants et fixé l'attention de l'autorité supérieure. Notre tâche serait longue si nous voulions énumérer ici toutes les tentatives qui ont été faites pour obtenir ce résultat; une des plus grandes intelligences de notre époque, Gay-Lussac, s'est occupé de la question de l'incombustibilité avec le zèle qu'il apportait dans toutes ses investigations scientifiques. Mais les expériences de ce célèbre chimiste restèrent sans effet, et, sous ce rapport comme sous tant d'autres, les études étaient à recommencer.

Il y avait là, sans contredit, de quoi tenter l'ambition des hommes d'initiative. Le problème de l'incombustibilité est en effet un des plus importants dont on puisse se préoccuper. Au point de vue de l'intérêt général, la solution fera disparaître les justes et sérieuses inquiétudes qu'éveille le réci des incendies dont Paris et les départements sont périodiquement affligés. Au point de vue de la sécurité des exploitations dramatiques, elle présente un immense intérêt. On sait avec quelle facilité le feu se communique dans les salles de spectacle. Les faits désastreux qui se sont passés à différentes époques sont assez présents à tous les esprits, pour que nous nous croyions dispensés d'entrer dans des détails à ce sujet. Les théâtres offrent à l'action du feu une foule de matières inflammables et tout à fait propres à en favoriser le développement. Les machines, les décors, les costumes, les tissus de toute sorte dont se compose l'arsenal dramatique, nécessitent de constantes et minutieuses précautions. Ici le danger est partout. Le moindre accident peut prendre en un clin d'œil les plus larges proportions. Que l'élément destructeur vienne à se manifester, rien ne saurait arrêter ses ravages.

Ce simple aperçu, confirmé par l'expérience, montre assez de quelle importance serait une découverte qui aurait pour but de prévenir les incendies.

Mais un tel procédé est-il possible? Telle est la question qu'il importe d'abord d'examiner.

Il est certain qu'aucune substance chimique ne peut prévenir la destruction par le feu des matières combustibles. Lorsqu'en effet on expose à un foyer ardent une matière organique, quelle que soit la couche préservative, on ne saurait jamais empêcher sa décomposition par l'action du calorique. Toutefois, si les objets exposés à devenir la proie des flammes sont recouverts d'une couche d'un sel inaltérable au feu, il est évident que cette couche saline, enveloppant dans toutes ses parties la matière inflammable, la met à l'abri du contact de l'air. Sans doute, l'objet soumis à l'action du foyer sera détruit, mais comme il ne peut se combiner avec l'oxygène et l'air atmosphérique, il ne s'enflammera point, et conséquemment, il ne communiquera pas l'incendie aux corps qui l'environnent.

C'est d'après ces idées qu'un savant distingué, M. Carteron, a dirigé ses expériences. Le succès a couronné ses efforts; et il est arrivé ce qui a toujours lieu quand on part de principes justes : le fait a confirmé de tout point la théorie

Nous n'entrerons dans aucun détail sur la nature et les propriétés des agents chimiques employés par M. Carteron. Ce que nous pouvons constater, c'est que les expériences dont nous avons été témoin ont dépassé notre attente. Les tissus les plus légers, les plus inflammables, des tulles de fil et de soie, soumis à l'action d'une flamme ardente, ont été à peine attaqués. Des planches enduites de la peinture de M. Carteron, jetées dans un foyer incandescent, y sont restées pendant deux heures, et ont subi cette épreuve de façon à confondre les plus incrédules. On le voit, les faits sont tout à fait concluants.

Grâce au système Carteron, les édifices publics, aussi bien que les habitations particulières, ne courent plus de danger sérieux; nos salles de spectacle se trouvent placées définitivement dans des conditions de sécurité; l'Opéra n'est plus menacé de voir disparaître en un clin d'œil les richesses qu'il a laborieusement accumulées.

ARTEMENT
LA SEINE.

mune de Paris

DIFICE.

OBJET :
émoire de M.
TERON sur les
ens de préve-
s incendies.

ÉSULTAT
délibération.

EMPIRE FRANÇAIS.

MINISTÈRE D'ÉTAT.

CONSEIL GÉNÉRAL DES BATIMENTS CIVILS.

EXTRAIT DU REGISTRE DES DÉLIBÉRATIONS.

Séance du 9 Février 1857.

Rapport fait au Conseil, par M. BIET, Inspecteur général.

M. Carteron, ingénieur, a adressé à M. le ministre d'Etat un mémoire concernant les moyens de prévenir les incendies.

Antérieurement à cet envoi, M. Carteron avait invité MM. les membres du Conseil général des bâtiments civils à assister à diverses expériences qui ont eu lieu dans un enclos situé proche la porte Maillot, et qui avaient pour but plusieurs essais sur une substance propre à rendre des matières combustibles ininflammables.

C'est sur ce procédé, dont M. Carteron se déclare l'inventeur, qu'il appelle l'attention de M. le ministre d'Etat. Dans le mémoire susdit il se propose d'en démontrer l'importance et la nécessite de le propager. Par suite, il espère que le gouvernement encouragera ses efforts.

Ce mémoire ayant été renvoyé à l'examen du Conseil, c'est de lui que je vais avoir l'honneur de l'entretenir.

Le mémoire de M. Carteron se compose de plusieurs paragraphes.

Dans un premier, l'auteur expose que les dommages occasionnés par les incendies sont de nos jours incalculables; c'est par milliards qu'il faut en supputer le chiffre, si l'on veut apprécier la totalité des désastres qui surgissent dans les diverses parties du monde. C'est principalement dans les pays les plus civilisés que les pertes sont le plus considérables, parce qu'elles portent sur des objets de plus grande valeur, et qu'elles atteignent les individus en ce qu'ils ont de plus précieux, indépendamment des dangers personnels qu'ils ont à encourir.

Le Conseil admettra facilement, comme l'auteur, qu'un procédé qui combattrait si victorieusement le fléau, qui même le restreindrait en ses effets, notamment en s'opposant à ces grandes conflagrations subites qui dévorent en un instant des richesses immenses, qu'une telle découverte rendrait le service le plus signalé à l'humanité, et devrait être comptée à l'égal des plus utiles inventions que le progrès de l'esprit humain ait fait surgir jusqu'à présent.

En un second paragraphe, M. Carteron passe en revue tous les procédés par lesquels, en tous les pays, on a essayé de s'opposer aux incendies, soit en les prévenant directement, soit en paralysant leurs effets, et surtout en empêchant leur développement trop subit, dernière ressource qui, si elle n'empêche pas la perte d'un matériel considérable, peut du moins diminuer le nombre des victimes vivantes du redoutable élément. Il énumère en conséquence tous les essais divers qui ont été faits aux Etats-Unis d'Amérique, en Angleterre, en France, en Allemagne et jusqu'en Suède. Il discute la valeur de toutes les compositions chimiques qui ont été proposées jusqu'à ce jour pour procurer au bois la propriété incandescible. Je ne suivrai point l'auteur dans ces détails, parce que sa conclusion finale en cet article est que, malgré le mérite des savants qui se sont adonnés à ces recherches, aucun des résultats n'a été suffisamment efficace, et que pour la plupart ils étaient inexécutables, tant par les difficultés d'application que par les frais considérables qu'ils auraient nécessités.

Après ces détails presque historiques, M. Carteron arrive à l'exposition du procédé qu'il présente comme étant la solution complète de l'important problème dont il s'agit. Les moyens qu'il propose sont de deux sortes : d'abord parce que les bois employés à la construction de tous les édifices sont la source première des incendies, il s'est préoccupé de la question si souvent agitée de les rendre incombustibles; puis comme dans nos habitations une quantité de substances légères comme étoffes, rideaux, papiers, tentures, etc., sont les premiers aliments du feu, il s'est préoccupé de les rendre inattaquables par la flamme et réfractaires au contact de tout objet embrasé.

Sur ces deux points, son mémoire contient les explications suivantes : d'abord, quant au bois, il rappelle que c'est un corps plus dense que l'eau; on sait que sa densité varie de 1,46 à 1,53. Les bois ne flottent qu'à raison de l'air et autres substances légères qu'ils renferment dans leurs pores, et qui sont en même temps, en grande partie du moins, la cause de leur combustibilité. Or, suivant l'auteur, il suffit, au moyen d'un appareil mécanique, de chasser du bois les substances étrangères qu'il renferme et de les remplacer, par mode d'injection, par une autre substance de sa composition et qui est son secret, pour que le bois devienne complétement ininflammable et totalement inaltérable à l'action du feu.

Pour donner une idée de la manière dont cette opération s'exécute, M. Carteron a joint à son mémoire deux feuilles de dessin qui expriment la configuration de l'appareil dont il s'agit. Je ne crois pas avoir besoin d'analyser les détails de ce mécanisme. Je dirai seulement que dans l'une des feuilles on a figuré une pièce de bois placée dans un tube où l'on fait le vide; qu'au moyen du vide, toutes les substances légères enfermées dans le bois s'en échappent, puis la deuxième feuille explique comment on introduit dans le tube la préparation chimique qui s'infiltre dans le bois.

C'est à l'issue de ces deux opérations que le bois a acquis la propriété incandescible dont l'auteur affirme qu'il jouit sans restriction

Je ne m'arrêterai point aux objections théoriques que l'on pourrait élever contre la propriété absolument réfractaire dont l'auteur a la conviction ; toute discussion à cet égard serait superflue, car, après les expériences dont le Conseil a été témoin à la porte Maillot, la réalité du fait est incontestable ; l'auteur se récrierait victorieusement : Voilà des bois qui ont subi nos préparations, enflammez-les si vous pouvez ! Mais je me réserve de parler d'une autre objection, qui, au point de vue pratique, ne sera pas sans gravité.

Je passe aux préservatifs employés par M. Carteron contre l'inflammation des substances légères. Le procédé de cet ingénieur consiste à les imprégner ou même à les enduire tout simplement d'une certaine substance analogue à celle qu'il emploie pour les bois. Moyennant cet apprêt ou espèce de peinture, le tissu le plus transparent, l'étoffe la plus légère, le papier le plus mince ne prennent pas feu et résistent à la combustion la plus ardente des objets enflammés qui les touchent. Ici les expériences ont encore confirmé l'efficacité du procédé de M. Carteron. Le Conseil se rappelle que des morceaux de papier et des fragments d'étoffe ont résisté à la flamme d'une bougie et au contact des charbons ardents.

M. Carteron insiste particulièrement sur un avantage précieux de sa fabrication : l'espèce de peinture qui protége si efficacement les matières légères est d'un prix très-modique ; on peut l'appliquer au pinceau ou à la brosse par le procédé ordinaire de la peinture ; le prix ordinaire du mètre superficiel revient à 30 c. et la Compagnie pense que si son procédé se propageait, elle pourrait encore en abaisser le prix.

Son désir le plus vif est d'en arriver à ce point qui mettrait à la disposition du public et à peu de frais un moyen de garantie contre le redoutable sinistre de l'incendie. La Compagnie fait fabriquer dès à présent des toiles, des rideaux, des papiers, des tentures. Elle fait confectionner des écrans, des chaufferettes et autres menus objets mobiliers. Il lui a été demandé récemment une fourniture de bâches pour envelopper les marchandises transportées par les voies de fer. Au moyen de cet abri, elles n'auront rien à redouter des charbons qui sont lancés par les locomotives. Cet incident paraît même de nature à influer sur les prix d'assurance, que l'on sait être assez élevés pour les transports par chemins de fer.

En industrie tout se touche; un progrès sur un point appelle une amélioration sur un autre.

En s'arrêtant, à l'égard du procédé de M. Carteron, au seul avantage d'empêcher la conflagration immédiate au début de l'incendie, on peut être porté à juger favorablement du caractère essentiel de cette invention; cependant, il m'a paru nécessaire d'en approfondir la portée en ce qui concerne les résultats.

Dans le cours des expériences qui ont été faites en présence du Conseil à la porte Maillot, un fait particulier m'avait préoccupé. Il est réel que les morceaux d'étoffes, de papiers, de cartons et autres matières de faible consistance soumises à l'action du feu ont résisté à l'inflammation ; mais il était à remarquer qu'à l'endroit qui avait été chauffé, l'enduit protecteur s'était gonflé ou boursoufflé comme une espèce de pâte en ébullition; quant à la matière du tissu, elle était à peu près détruite et tombait en poussière; la matière était donc altérée. Cet effet semblait être inévitable à raison de la ténuité de la matière; mais on pouvait en inférer que le bos, après avoir subi le même genre d'épreuve, pouvait aussi avoir subi un certain degré d'altération. Il me semblait, en outre, très-important d'être assuré qu'avant même d'avoir supporté l'action du feu, le fait seul de l'apprêt qu'il avait reçu n'avait point altéré sa substance ou diminué sa force naturelle de résistance : car on doit comprendre que s'il en devait être ainsi, ce serait payer bien cher la faculté d'être incombustible, s'il fallait l'acheter aux dépens de la conservation du bois, et conséquemment au détriment de la durée des édifices.

M. Carteron, à qui j'ai communiqué mes réflexions, m'a donné les explications suivantes :

D'abord, il reconnaît que cette question a de la gravité; elle lui a déjà été adressée, et il comprend qu'il est inportant d'y répondre pour rassurer l'esprit des praticiens, qui avant tout recherchent la solidité de l'ouvrage.

A l'égard des substances légères, il pense, ainsi que moi, qu'il serait par trop rigoureux d'exiger que des matières sans consistance restassent entièrement inaltérables à l'action du feu : c'est déjà beaucoup qu'elles arrêtent sa furie en paralysant le développement de la flamme; mais il fait observer que le seul point de l'étoffe touché par le feu est aussi le seul point altéré; que cette altération ne se communique point aux parties adjacentes, et que de ce seul fait on peut conclure que l'apprêt qu'a reçu l'étoffe est réellement un préservatif contre la propagation du feu. Au surplus, M. l'ingénieur a ajouté que les premières expériences ont été faites sur des matières préparées à la hâte; que, depuis, la Compagnie a fait fabriquer des tissus qui offrent plus de résistance, et qu'elle espère encore obtenir des perfectionnements, tout en restant cependant dans les limites du possible.

Au sujet du bois, M. l'ingénieur a été beaucoup plus explicite. Il considère que la souplesse du bois et sa force de résistance ne proviennent point de l'air ou des autres substances étrangères qu'il renferme, mais uniquement de la nature de ses fibres; qu'on peut impunément purger le bois de toutes ses matières parasites sans qu'il soit altéré; qu'à l'égard de la substance par laquelle il remplace ces matières, elle est entièrement inoffensive pour le bois : loin de lui nuire, c'est elle qui lui communique la précieuse faculté de résister au feu sans en recevoir la moindre atteinte. Les bois ainsi préparés peuvent être sciés, rabotés et travaillés comme les bois ordinaires; ils offrent ce phénomène remarquable que la sciure et les copeaux demeurent incombustibles.

M. l'ingénieur affirme que la substance qu'il infiltre dans le bois n'a pas seulement la propriété de le défendre contre l'action du feu, mais aussi de le préserver de l'humidité, ce qu'il explique en faisant observer que cette matière, en chassant l'air et d'autres substances délétères, le délivre des éléments qui généralement produisent la corruption du bois et le font pourrir prématurément. Ici, M. l'ingénieur regrette beaucoup que la Compagnie n'ait point achevé de monter ses machines. Il se ferait fort de prouver par l'expérience que les bois, au sortir des épreuves auxquelles il les soumet, sont parfaitement intacts, qu'ils ont la même élasticité, et qu'ils sont dans le cas de supporter les mêmes charges qu'auparavant. Au surplus, il se réserve de procéder à ces expériences, lorsque son outillage sera complet, non-seulement en présence du Conseil, mais de toutes les autres personnes que ces essais pourront intéresser.

Je prie le Conseil de remarquer que, dans tout ce qui précède, je me suis abstenu de toute discussion scientifique, non que je croie qu'il n'y ait lieu à aucune objection sous ce rapport dans le système de l'auteur, mais parce que, d'abord, ce ne serait pas directement mon rôle ; ensuite parce qu'il n'y a que trop d'exemples que les susceptibilités quelquefois outrées de la science dans des questions où il s'agit plutôt de faits que de théories, ont découragé des inventeurs et les ont incités à porter leur industrie à l'étranger, qui en a eu les prémices à notre détriment. Mais, d'autre part, j'ai cru nécessaire de rechercher si l'application du procédé en question était susceptible de s'allier à toutes les conditions, principalement celle de la solidité, que la pratique des constructions rend indispensables.

Or, à cet égard, le conseil admettra, je le pense, que si les expériences promises par M. Carteron ont tout le succès qu'il s'en promet, son procédé, déjà fort remarquable par la propriété de s'opposer à l'ignition des bois, prendra une importance majeure lorsque la certitude de l'employer avec pleine sécurité lui sera acquise.

M. Carteron a terminé son mémoire par l'énumération de tous les genres d'application que son invitation peut recevoir. Au premier rang, il cite le théâtre, où la sécurité des spectateurs n'est pas moins compromise que celle des bâtiments ;

Les combles des églises et leurs clochers, qui sont si fréquemment frappés par la foudre ;

Les casernes, les prisons, les hôpitaux, où il serait si rassurant d'être certain que la vie des hommes n'est pas exposée aux chances d'un sinistre ;

Les manutentions militaires, les magasins à fourrages, les greniers de réserve qui renferment des valeurs considérables qu'une malheureuse imprévoyance peut faire disparaître en un instant ;

Les grands ateliers, les usines, les fabriques, où la perte ne se borne point à un matériel, mais conduit encore au chômage forcé d'une population d'ouvriers, lors même qu'elle n'y a point fait de victimes.

M. Carteron parle encore des arsenaux de terre et de mer, et signale l'avantage qu'auraient des navires construits en bois préparés; les boulets rouges pourraient les traverser, mais sans les incendier.

L'emploi du fer appliqué dans ces derniers temps peut certainement contribuer à rendre le désastre moins fréquent. Mais n'y aurait-il pas un grand avantage, au moins sous le rapport de l'économie, à rendre le bois rival du fer au point de vue de l'incendie.

Assurément, on ne peut supposer que nos édifices élevés à grands frais doivent être immédiatement reconstruits pour être mis en état de résister à l'incendie.

Cette amélioration ne peut être que l'ouvrage du temps, mais d'ici là l'emploi de l'enduit ou peinture réfractaire appliquée sur les surfaces exposées peut contribuer efficacement à éviter les grands sinistres; c'est principalement à ce point de vue que l'auteur l'envisage, et sous ce point de vue, il pense que cette partie de son invention doit avoir un prix.

Quelque fortes que soient les préventions de certains esprits à l'apparition d'une idée nouvelle, de quelque illusion dont on suppose que son auteur soit fasciné au début de ses opérations, il faut cependant reconnaître que certaines de ces créations, s'attachant à un but utile et renfermant le germe d'une application facile et féconde, excitent l'intérêt du public et commandent son attention.

L'invention de M. Carteron est de ce nombre; elles est du genre de celles qui ne peuvent passer inaperçues.

Sans doute l'idée de rendre les corps incombustibles n'est pas neuve, nombre d'essais ont été déjà faits, et dans des temps même assez reculés on cite les expériences qui n'étaient pas sans prestige sur l'esprit du vulgaire; mais à aucune époque on n'était parvenu à régulariser les procédés assez pour s'en rendre maître et les appliquer comme obstacle à une grande conflagration, et cela par des moyens simples, peu coûteux et à la portée de tout le monde.

Les nouveaux procédés de M. Carteron tendent à ce but.

Les expériences qu'il a faites ont un caractère positif; elles révèlent l'existence d'une puissance assez forte pour arrêter l'effet de la combustion. Un seul fait peut rester douteux, c'est de savoir si les préparations qu'il fait subir au bois n'en altèrent pas la consistance.

Or, si sur ce point les expériences décisives énoncées par M. Carteron obtiennent un plein succès, je n'hésiterai point à croire que ses procédés ne doivent avoir un grand avenir; ils auront une influence marquée dans l'art des constructions en bois; sous ce rapport, ils méritent d'éveiller l'attention des savants et des praticiens, et d'exciter la sollicitude de l'Administration supérieure, si intéressée à la conservation de nos édifices, et à tous les moyens d'assurer la sécurité publique.

Au nombre des encouragements que l'auteur du nouveau système sollicite, il en est un que je crois devoir appuyer directement.

M. Carteron demande la faveur, lorsqu'on montera une nouvelle pièce à l'Opéra, d'être chargé de l'établissement des châssis qui devront porter les décorations; il les confectionnera avec les bois préparés; les peintres y appliqueront ensuite leurs toiles, puis il enduira celles-ci avec la peinture qu'il applique sur les matières légères. Il se fait fort de prouver que ces objets exposés à la flamme ne prendront pas feu.

Comme cette expérience ne peut en aucune manière accroître les frais de l'administration, et qu'elle peut contribuer à donner une juste idée des procédés de M. Carteron, j'estime qu'il serait de l'intérêt de l'administration de l'autoriser.

Sur cette proposition, et sur tout ce qui est inclus, j'ai l'honneur d'en référer à la sagesse et aux lumières du Conseil.

Signé Biet.

istère d'Etat.

SÉANCE
20 Avril 1859.

SEINE
PARIS.

APPENDICE AU RAPPORT

DU 9 FÉVRIER 1857,

Fait par M. Biet, au sujet du Mémoire de M. **Carteron**, sur les moyens de prévenir les Incendies.

Dans la séance du 9 février 1857, j'ai eu l'honneur de faire un rapport sur un mémoire de M. Carteron, ingénieur, ayant pour objet un procédé de son invention propre à prévenir les incendies.

Après avoir rendu compte du mode d'opération qu'il propose et des expériences qu'il a déjà exécutées en présence de plusieurs membres du conseil, dans un enclos proche la porte Maillot, j'ai conclu à ce que les procédés de cet ingénieur, à raison des résultats très-remarquables auxquels ils conduisent, méritaient de fixer l'attention de l'administration supérieure, et motivaient, au moins à titre d'encouragement, de procurer à l'auteur les moyens de poursuivre le cours de ses expériences, notamment par plusieurs essais sur les décorations théâtrales, objets qui, plus que beaucoup d'autres, sont exposés aux chances d'une conflagration subite. Je fis en outre observer qu'avant de se former une opinion définitive sur les découvertes de l'auteur, il serait utile de procéder spécialement sur la question de savoir si, après avoir subi la préparation par laquelle M. Carteron rend les bois ininflammables, ces bois n'ont rien perdu de leur souplesse ou de leur résistance primitives, afin d'être certain que ces bois peuvent être employés avec sécurité aux usages qu'ils doivent remplir dans les constructions.

Et, en effet, le Conseil, adoptant mes propositions, a décidé qu'il n'y aurait lieu à statuer sur le rapport qu'après que M. Carteron aurait procédé à de nouvelles expériences auxquelles assisteraient ceux de MM. les membres du Conseil qui n'ont pas eu connaissance des premières.

Récemment, M. Carteron a fait connaître au ministère qu'il est en mesure de procéder aux nouvelles expériences qui lui ont été demandées, et il a indiqué le lundi 6 avril courant, en ses ateliers, rue de Charenton, 102, pour opérer.

Avant de rendre compte de cette séance, il sera utile au Conseil que je lui parle d'un second mémoire adressé par M. Carteron à M. le secrétaire général du ministère.

Cet ingénieur lui explique qu'ayant été accueilli avec bienveillance par M. le directeur de l'Opéra, il lui a été accordé la faveur de visiter le théâtre pendant une représentation, et qu'il a reconnu deux points importants dans le service qui présentent les dangers permanents les plus redoutables.

Le premier concerne l'éclairage par le gaz au moyen de portants mobiles que l'on accroche et que l'on décroche à volonté derrière les décorations. Durant ces mouvements, exécutés toujours avec beaucoup de précipitation, la flamme des becs vacille, se heurte souvent sur des châssis légers en toiles et en papiers, et quelquefois en gaze.

C'est un miracle si, par soirée, il ne se présente pas dix fois l'occasion d'enflammer les décorations.

L'autre provient du mode de circulation du gaz qui alimente les portants et les lignes horizontales de frise qui éclairent les parties supérieures des ciels; le gaz est porté dans ces diverses parties par des conduits flexibles que l'on attache et que l'on détache aussi selon les besoins de la scène.

Il n'est pas que dans ces mouvements si brusques il ne se déclare quelques fuites de gaz, soit des tuyaux mêmes, soit des robinets. Les pompiers ont toujours une surveillance continuelle à exercer, et ils ont souvent à éteindre des flammes subites qui jaillissent quelquefois en plusieurs endroits en même temps. Telle est l'imminence de ce danger, que, de l'aveu même des pompiers, s'ils ne parviennent pas à éteindre ces petits incendies partiels en moins de cinq minutes, ils ne pourraient plus répondre du salut de la salle.

Les faits signalés par M. Carteron ne sont pas nouveaux ; le Conseil a déjà eu l'occasion de le reconnaître en plusieurs visites qu'il a été appelé à faire à l'Opéra, et qui l'ont porté à demander la plus active surveillance dans cette partie si dangereuse du service. Sa voix jusqu'à présent n'a été que très-faiblement écoutée ; autant par routine que pour obtenir des effets nouveaux dans le décor, aucun changement n'a été fait : machinistes, acteurs et même le public, demeurent, dans quinze ou vingt salles ouvertes tous les soirs dans Paris, sous l'influence d'un sinistre présumable, et dont les conséquences seraient incalculables.

En reproduisant ces documents, M. Carteron a pour but de faire ressortir l'importance des moyens qu'il propose pour empêcher l'inflammation des substances légères qui servent aux décorations; car il s'ensuit naturellement que le danger serait considérablement atténué, si même il n'était entièrement détruit, en arrêtant immédiatement la propagation du feu sur ces matières.

C'est donc particulièrement sous ce point de vue que M. Carteron a invité MM. les membres du Conseil à fixer leur attention pendant les expériences qu'ils sont appelés à constater.

Au 6 avril précité, le Conseil s'est donc rendu dans les ateliers, rue de Charenton, 102, et là, M. l'ingénieur a d'abord renouvelé les expériences qui avaient été faites à la porte Maillot, sur des papiers, toiles et étoffes légères, et sur des sacs de copeaux enduits de la peinture de M. Carteron. Ceux de MM. les membres du Conseil qui n'avaient pas été présents aux expériences antérieures, ont pu vérifier que ces substances ont pu supporter l'action du feu pendant plus de temps qu'il n'eût fallu pour les consumer entièrement, sans éprouver d'autre altération que celle de la couverte dont elles étaient imprégnées et seulement au point de contact avec la flamme, et cela sans développement de chaleur et sans propagation de la flamme en aucune autre partie.

Un fragment de décoration destiné pour l'Opéra, qui avait été construit avec des bois rendus réfractaires, et qui avait été enduit par derrière avec la peinture, n'a pu prendre feu pendant au moins vingt minutes qu'il est resté exposé à la flamme.

M. Carteron a fait remarquer que sur aucun théâtre on ne laisserait aussi longtemps une décoration exposée à l'action d'un foyer sans y porter secours. On peut donc en conclure que les décorations d'une scène ayant toutes été soumises aux procédés préservatifs qu'il a proposés, seraient à l'abri des accidents qui pourraient résulter, soit de la mobilité des portants, soit des fuites de gaz, par les tuyaux ou conduites.

L'application de ces procédés apporterait donc une amélioration immense dans le service de la scène.

Après avoir expérimenté les matières légères préparées par le procédé nouveau, on a passé aux essais sur les bois également préparés.

Premièrement, on a chargé un madrier de sapin naturel de 4 mètres de long, 30 à 32 centimètres de large et 0,8 d'épaisseur; il a rompu après avoir subi une certaine flexion, sous le poids de 1,000 kilog. environ.

Puis on a chargé un autre madrier de sapin de mêmes dimensions et ayant supporté les préparations; sous le poids de 1,000 kilog. il n'a pas précisément rompu, quoiqu'il commençât à éclater sur ses arrêtes; mais il avait éprouvé une flexion sensiblement plus forte que pour l'autre.

De ces expériences, il résulte donc que la préparation que M. Carteron fait subir au bois pour le rendre incandescible, n'altère aucunement ni sa force de résistance, ni sa force d'élasticité; qu'en conséquence, rien ne nuit à son emploi dans les constructions de bâtiment.

M. l'ingénieur croit cependant que son poids peut s'accroître du 5e au 6e, ce qu'il explique en faisant remarquer que l'air et les gaz qui existent dans les pores du bois sont remplacés par une substance plus compacte qui doit nécessairement en augmenter le poids; mais il fait en même temps observer qu'en purgeant le bois de l'air et des substances gazeuses, pour la plupart délétères, qui tendent à le corrompre rapidement, on augmente sa qualité et on accroît sa durée. Un fait déjà reconnu, c'est que les bois préparés sont moins attaqués par les insectes qui n'y trouvent plus leur substance alimentaire. Enfin, M. Carteron annonce que les frais de préparation des bois n'élèveront pas d'un franc le prix du mètre dans les circonstances les plus difficultueuses (résultat qui n'est pas à comparer aux avantages qu'il doit procurer).

En résumé, les expériences dont le Conseil a été témoin dans la séance du 6 avril 1857 me paraissent décisives en faveur des procédés annoncés par M. Carteron :

1° Elles démontrent que les matières légères, comme papiers, cartons, étoffes, peuvent être mises à l'abri d'une conflagration instantanée, et que, sous ce rapport, leur emploi dans les décorations théâtrales doit être de l'utilité la plus incontestable;

2° Que les bois imprégnés, en présence du Conseil, de la substance réfractaire de l'invention du même auteur, jouissent également des mêmes avantages, et qu'il est, en outre, assuré que l'emploi de ces bois n'a rien de contraire à leur fonction comme éléments de construction ; qu'il y a même présomption de croire que cette préparation peut avoir pour effet d'être favorable à leur conservation.

D'après cela,

L'opinion du Conseil sur les procédés de M. Carteron ne saurait rester indécise : cette découverte mérite au degré le plus éminent d'éveiller la sollicitude de l'Administration supérieure par les avantages divers qu'elle renferme ;

L'Administration ne saurait trop encourager les applications par tous les moyens en son pouvoir, tant dans les constructions publiques que dans les constructions privées.

Signé Biet.

AVIS DU CONSEIL.

Le Conseil,

Après avoir entendu M. Biet, en son rapport du 9 février 1857 et en l'appendice à ce premier rapport, par suite de nouvelles expériences faites en présence des membres du Conseil, le 6 avril courant, des moyens présentés par M. Carteron, de prévenir les incendies ;

Quant au moyen de prévenir les incendies :

Considérant que les procédés de M. Carteron, pour mettre à l'abri d'une conflagration instantanée les matières légères, les papiers, les cartons, les étoffes, les décorations de théâtre, etc., sont incontestables,

Est d'avis,

Qu'ils peuvent être recommandés à l'attention de l'Administration supérieure, à cause des divers avantages qu'ils sont appelés à procurer ;

Quant aux bois imprégnés de la substance réfractaire de l'invention du même auteur :

Laissant au temps à sanctionner le résultat des expériences satisfaisantes auxquelles le Conseil a assisté, et ne rendant compte que des faits qui se sont passés sous ses yeux,

Est porté à croire que la préparation à laquelle les bois ont été soumis n'en a altéré aucune des qualités, et qu'il y a même présomption de penser qu'elle peut avoir pour effet d'être favorable à leur conservation.

Le président,
Signé Alfred Blanche.

Le secrétaire,
Signé Salles.

Pour copie conforme :

Le secrétaire du Conseil,
Salles.

APERÇU DE QUELQUES JOURNAUX QUI ONT PARLÉ DES PROCÉDÉS CARTERON.

Extrait du Courrier de Paris,

14 Septembre 1857.

Hier, j'ai assisté à une expérience des plus intéressantes. On vient de faire une découverte, une de ces découvertes utiles qui doivent faire placer le nom de ceux qui les ont faites au nombre des bienfaiteurs de l'humanité.

On se rappelle que, il y a quelques années, un Anglais, je crois, ou un Américain, nommé Phillipps, prétendit avoir trouvé le moyen d'empêcher les incendies. Une expérience publique eut lieu au Champ-de-Mars; elle ne réussit pas. Le chalet incombustible brûla parfaitement, et, depuis lors, il ne fut plus question de M. Phillipps.

M. Carteron, chimiste français, vient de trouver un agent chimique, un sel nouveau qui sera plus heureux que le procédé de M. Phillipps. Désormais il n'y aura plus d'incendies à redouter, et l'on pourra dormir aussi tranquille dans une maison de bois que dans une maison de fer.

Ce sel, mêlé à l'empois dont se servent les blanchisseuses, rend incombustible le linge empesé avec cet empois nouveau. Expliquons-nous. Vous lisez le soir dans votre lit; par mégarde, vous posez votre bougie trop près de votre rideau, votre rideau s'enflamme aussitôt avec rapidité, le feu gagne le plafond, et, sans des secours prompts donnés aux dépens de votre mobilier, le feu est à la maison.

Si le rideau a été empesé avec l'empois de M. Carteron et que vous posiez votre bougie de manière à y mettre le feu, la flamme de la bougie brûlera la partie du rideau qui est en contact avec elle, elle y fera un trou, mais l'étoffe ne s'enflammera pas, et le feu ne gagnera pas le reste du rideau.

Songez aux accidents si fréquents et si horribles qui nous épouvantent à chaque instant. Que de malheureuses femmes brûlées et meurent dans des tortures atroces, parce qu'une étincelle a mis le feu à leur robe! Que de pauvres petits enfants surtout déplorablement brûlés, parce qu'ils se sont emparés, en jouant, d'une allumette chimique! Il ne se passe pas de jour qu'on n'apprenne quelqu'un de ces accidents qui font frémir toutes les mères. Désormais, ces accidents sont impossibles.

Le sel de M. Carteron peut se mêler aux couleurs à l'huile et à la détrempe, et il suffit d'une couche de couleur sur une planche pour la rendre incombustible. Il se mêle à la colle du papier, qu'il préserve de même Enfin, il sert à préserver les bois par voie d'injection.

Etes-vous entré quelquefois sur un théâtre, à l'Opéra, par exemple? Avez-vous vu cette forêt de portants, cette multitude de frises et de toiles de fond pendant dans les cintres, ces millions de cordages cent fois plus compliqués que ceux d'une flotte entière? Avez-vous songé qu'en dessous de la scène se trouve la même multitude d'objets essentiellement combustibles? Si vous avez vu cela, vous avez frémi à l'idée d'un incendie se déclarant dans ce *pandémonium*. Si le feu prenait à l'Opéra, le dégagement du gaz serait si violent qu'il y aurait explosion. Le toit serait lancé comme une bombe par un mortier, les murs s'écrouleraient sur les maisons voisines. C'est épouvantable à penser.

Avec les procédés de M. Carteron, l'Opéra peut n'avoir plus d'incendie à redouter.

Mais, au lieu de toutes ces explications, parlons plutôt des expériences auxquelles j'ai assisté hier.

Elles avaient lieu dans un vaste terrain situé à Sablonville, commune de Neuilly. Ces expériences n'avaient rien d'officiel, malgré les noms des personnes qui y assistaient.

C'étaient des expériences officieuses, préparatoires, sur lesquelles aucun rapport ne sera fait, par lesquelles seulement les personnages officiels qui s'y trouvaient ont voulu s'assurer que l'on pouvait faire des expériences publiques sérieuses, sans crainte de déceptions ridicules.

Mais, préparatoires ou définitives, ces expériences n'ont pas été moins concluantes. Elles ont eu lieu en présence de M. Chevalier, l'illustre chimiste, membre de l'Institut, qui les dirigeait en savant sceptique et désireux de bien se convaincre ; de M. Prémorin, secrétaire général de la préfecture de police; de M. Trébuchet, chef de division de la préfecture de police, homme dont on connaît l'expérience et la capacité ; de MM. Dubois et Saussay, architectes de la ville de Paris; de MM. Delestré et Delestre, capitaines des sapeurs-pompiers; l'un de ces messieurs venait à la place de M. de Condamine, qu'une légère indisposition retenait chez lui.

Au milieu d'un vaste terrain isolé, on avait élevé, avec des voliges et des toiles peintes, un petit théâtre. Tout y était. Il y avait la toile de fond, les coulisses, les frises, les portants, un buisson de roses, une cabane avec sa porte mobile. Tout cela, dans les conditions ordinaires, eût flambé comme de la poudre. si on eût approché une allumette.

On a arrosé la moitié de tout ce théâtre de sept ou huit litres d'essence de térébenthine, et on y a mis le feu. La flamme, excitée par le vent qui était très-fort, était d'une violence extraordinaire; à dix pas de distance, la chaleur était insupportable. L'essence brûlée, le théâtre était encore debout. Les parties de toile imbibées d'essence avaient été carbonisées, mais le feu ne s'était pas communiqué aux parties qui n'étaient pas imbibées; toutes les voliges, voliges de sapin grosses comme le bras seulement, de véritables allumettes, étaient complétement intactes. Les frises restaient en place, quoique noircies et carbonisées.

M. Chevalier a voulu, pour rendre l'expérience plus frappante, faire ajouter une frise nouvelle en toile non préparée.

Cette frise et les autres ont été de nouveau arrosées d'essence de térébenthine. Les frises préparées sont restées en place. L'autre a été consumée en une seconde, et le vent en détachait des flammèches et des cendres qui se sont envolées au loin, ce qui n'arrivait pas avec les autres toiles. Les frises préparées se sont carbonisées aux endroits mis en contact avec l'essence enflammée.

mais le feu ne s'est pas propagé. Les voliges sont restées intactes.

M. Chevalier a pris un morceau de toile peinte, l'a froissée dans ses mains, l'a plongée dans l'essence, l'a accrochée à un clou. L'essence a brûlé ; la toile est restée. Après deux épreuves, le même morceau de toile était intact.

On est alors rentré dans la maison de M. Carteron, et M. Chevalier a fait des expériences sur les étoffes préparées avec l'empois nouveau. M. Chevalier ne s'est pas contenté d'une demi-expérience.

Je veux, a-t-il dit, me mettre dans les conditions d'une femme qui se brûle ; je veux un grand feu dans la cheminée, avec fort tirage devant activer nécessairement la combustion.

Un grand feu étant allumé, feu de papier, très-ardent, M. Chevalier ayant devant lui un jupon de tulle blanc du plus bel apprêt s'est approché du feu. Le tirage était si fort que le jupon a été attiré sur la flamme. Tout ce qui a touché à la flamme est tombé carbonisé, sans que l'étoffe s'enflammât, sans que le feu gagnât le reste de la robe. Il était évident pour tous qu'une femme ayant une robe très-inflammable, mais empesée avec cet empois préservateur, court encore, en s'approchant du feu, le danger d'endommager sa robe, mais ne court plus celui de se brûler elle-même. M. Chevalier, pour rendre la chose plus sensible, a demandé un morceau de tulle non préparé et l'a approché du feu. Ce tulle a flambé tout à la fois, comme de la poudre, et malgré sa précipitation à le rejeter du feu, M. Chevalier s'est brûlé les doigts.

Un morceau de toile de Perse pour rideaux, apprêté avec l'empois préservatif, a été roulé dans la main, chiffonné, arrangé avec de gros plis comme des plis de rideau et placé au-dessus de la flamme d'une bougie. La flamme a percé l'étoffe, a traversé les plis, mais une fois son trou fait, elle n'a pas mis le feu au rideau. Et c'était chose assez singulière que de voir cette flamme traversant une étoffe sans l'incendier, comme elle ferait dans une cheminée de lampe.

Tous les assistants se sont retirés émerveillés de ces résultats. M. Chevalier était enchanté et déclarait que l'affaire de l'empois seule était un immense service rendu à l'humanité et en même temps une affaire de millions pour l'inventeur. « Autrefois, disait-il, il y avait au coin de la place Saint-André et de la rue Saint-André-des-Arts un homme qui fabriquait un empois de meilleure qualité que les autres; tout Paris allait s'approvisionner chez lui. Si vous fabriquez un empois merveilleux comme le vôtre, quelle est la femme, quelle est la mère qui voudra que son linge et celui de ses enfants soient empesés avec un autre empois?

M. le capitaine Delestré disait en s'en allant:

« Décidément, je suis heureux de n'avoir pas plus longtemps à attendre ma retraite, car avant peu les pompiers seront supprimés.»

Bientôt auront lieu des expériences faites sur une plus grande échelle. Il est une expérience que je conseille à M. Carteron de faire publiquement: c'est de faire habiller des dames avec des robes, des jupons, tout leur linge, en un mot, apprêté à l'empois préservatif, et d'approcher de leurs vêtements des flambeaux allumés, du papier, de la paille enflammée. Tout le monde sera persuadé alors. Cette vue sera plus convaincante que le rapport le plus favorable de l'Académie des Sciences, et à partir de ce moment on ne voudra plus se servir d'un autre empois que de celui de M. Carteron.

Voir le *Tintamarre* du 20 septembre ;
— *Les Débats* du 21 septembre;
— *L'Estafette* du 15 septembre;
— *Courrier de Paris* du 7 novembre;
— *Gazette musicale* du 8 novembre.

Extrait du Constitutionnel.

19 Décembre 1857.

Vendredi, la ville de Neuilly a été honorée de la présence de l'Empereur et de l'Impératrice, qui venaient visiter l'établissement de M. Carteron, inventeur de la nouvelle peinture destinée à mettre le bois, les charpentes, les décorations théâtrales à l'abri du feu.

Des expériences ont été faites devant Leurs Majestés sur des vêtements de dames, expériences qui ont prouvé que les tissus les plus légers peuvent être mis à l'abri du feu par un apprêt d'une blancheur parfaite.

Les expériences ont eu lieu dans l'ordre suivant :

1° Une tente d'officier supérieur, tendue en coutil rendu ininflammable avec ses rideaux de mousseline, etc., etc.; puis on a essayé de l'incendier, sans en pouvoir venir à bout, avec des torches de résine ;

2° Dans une tente de soldats, dont la moitié était rendue ininflammable, et l'autre moitié dans l'état ordinaire, un grand feu de paille a été allumé ; la partie non préparée a brûlé, le feu s'est arrêté net à la partie préparée ;

3° Une chaumière était construite avec un versant dont la paille était rendue ininflammable, et l'autre versant en paille ordinaire ; le feu a été mis de ce côté ; l'incendie s'est propagé d'une manière effrayante, et s'est arrêté encore en arrivant à la partie préparée ; les charpentes de la chaumière, qui étaient enduites de la nouvelle peinture, sont restées intactes ;

4° Des expériences ont été faites sur des sacs renfermant des matières inflammables ; les sacs étaient préparés par le nouveau système, et le feu très-vif, entretenu pendant trois quarts d'heure, n'a pu les entamer ;

5° Une toiture en bois a été soumise au feu sans être atteinte dans aucun endroit ;

6° Un théâtre complet, ses planchers, ses côtières, coulisses, murailles de fond, toiles roulantes, bandes d'air, cordages, enfin tout l'agencement au complet a été livré aux flammes à trois reprises différentes sans succès : le théâtre entier est resté intact.

Ces expériences ont duré une heure et demie, et Leurs Majestés, qui les avaient suivies avec un vif intérêt, ont témoigné toute leur satisfaction à M. Carteron. L'Empereur a laissé 500 fr. pour les ouvriers qui avaient prêté leur concours.

Cette visite de l'Empereur et de l'Impératrice a produit la plus vive satisfaction dans tout Neuilly, et particulièrement à Sablonville, où habite M. Carteron.

Extrait du Courrier de Paris.

12 Janvier 1858.

Nous avons eu plusieurs fois l'occasion de rendre compte des curieuses expériences de M. Carteron, auteur d'un procédé très-simple et peu coûteux pour empêcher la propagation du feu dans les incendies. Les sinistres terribles qui ont signalé les trois ou quatre derniers mois doivent attirer sérieusement l'attention sur les secrets de l'ingénieux chimiste, qui ne sont plus, grâce à Dieu, à l'état de tentative. Après avoir démontré victorieusement dans des séances pleines d'intérêt que les maisons, les boiseries, les meubles et les étoffes peuvent être complétement préservés du feu, M. Carteron s'est imposé la tâche de faire pénétrer les bienfaits de son procédé dans l'économie usuelle des ménages. Il a introduit l'agent chimique dont il a éprouvé les propriétés incombustibles dans les apprêts des tissus et dans l'empois dont les blanchisseuses font journellement usage. Quelques gouttes de son eau préservatrice jetées dans la cuve du teinturier, dans celle de l'apprêteur ou dans le baquet de la blanchisseuse, mettent toutes les étoffes, ainsi que le linge et les tentures, à l'abri du feu.

Le bec de gaz incendiaire des magasins du Grand-Condé aurait pu flamber à l'aise pendant une nuit entière au milieu des pièces de mousseline et des rubans amoncelés dans les montres de la boutique, sans qu'on ait eu autre chose à déplorer que la perte de quelques mètres de marchandises. C'est un devoir pour la presse de propager et une obligation pour toutes les familles d'essayer ces procédés merveilleux, grâce auxquels le terrible incendie passera à l'état de légende fabuleuse.

Extrait du Moniteur Universel.

15 Janvier 1859.

Aujourd'hui ont eu lieu, à Neuilly, en présence d'une commission, des expériences concernant les procédés à l'aide desquels M. Carteron rend ininflammable toute espèce de matière combustible.

Ces expériences ont porté d'abord sur des tissus de tulle, sur des pièces de calicot, qui avaient reçu l'enduit spécial de l'inventeur et auxquels on n'a pu communiquer le feu par le contact prolongé d'une bougie et d'une torche enflammée.

Sous le plancher d'un théâtre construit pour la circonstance et muni de tous ses accessoires, on a introduit des copeaux de bois de sapin, de la paille, des tisons allumés, et, pour rendre la démonstration plus concluante, on a aspergé le tout, à différentes reprises, avec de l'essence de térébenthine; on a couvert ensuite le plancher, qui venait, pendant près d'une demi-heure, de résister à cette épreuve, d'un lit de paille et de copeaux, dont on a activé la combustion par de nouvelles aspersions d'essence. Malgré l'intensité de la flamme qui s'est ainsi produite, et qui enveloppait de ses tourbillons tous les décors, on a pu s'apercevoir que le feu s'éteignait de lui-même dès que l'essence, la paille et les copeaux étaient complétement brûlés. Une torche allumée a été laissée appuyée contre un châssis et s'y est consumée intégralement sans communiquer le feu à la toile.

La dernière expérience a porté sur un hangar ouvert à tout vent, et dont le toit était formé de légères voliges de sapin. On a amoncelé sous ce hangar de grandes quantités de paille et de copeaux, et une fois ces matières allumées, on a inondé toute la construction par des jets réitérés d'essence. Cette expérience n'a pas eu un résultat moins satisfaisant que les autres; on y a vu une nouvelle preuve de l'efficacité de l'enduit de M. Carteron pour empêcher la propagation de la flamme, et l'on peut espérer que le temps viendra sanctionner le succès d'une invention appelée à restreindre considérablement le nombre des sinistres causés par le feu.

Voir le *Messagiere Lombardo*, 10 janvier 1858;
— la *Presse*, 8 janvier;
— *Courrier de Paris*, 23 janvier.

Extrait de la Science pour Tous.

21 Janvier 1858.

INCOMBUSTIBILITÉ. — Depuis quelque temps on s'occupe beaucoup d'un procédé de M. Carteron, destiné à mettre à l'abri du feu, au moyen d'une peinture de son invention, toutes les matières combustibles. De nombreuses expériences ont eu lieu, et toutes ont parfaitement réussi. En voici qui ont été faites en présence de l'Empereur, dans l'établissement de M. Carteron, à Neuilly, sur lesquelles nous donnons les détails qui suivent, détails que nous trouvons dans le *Moniteur*.

Des essais ont été faits sur des vêtements de dames, expériences qui ont prouvé que les tissus les plus légers peuvent être mis à l'abri du feu par un apprêt d'un blancheur parfaite.

D'autres expériences ont eu lieu dans l'ordre suivant :

1° Une tente d'officier supérieur, tendue en coutil rendu ininflammable, avec ses rideaux de mousseline, etc., etc. ; puis on a essayé de l'incendier, sans en pouvoir venir à bout ;

2° Dans une tente de soldat, dont la moitié était rendue ininflammable, et l'autre moitié dans l'état ordinaire, un grand feu de paille a été allumé ; la partie non préparée a été brûlée ; le feu s'est arrêté net à la partie préparée ;

3° Une chaumière était construite avec un versant dont la paille était rendue ininflammable, et l'autre versant en paille ordinaire ; le feu a été mis de ce côté ; l'incendie s'est propagé d'une manière effrayante, et s'est arrêté encore en arrivant à la partie préparée ; les charpentes de la chaumière, qui étaient enduites de la nouvelle peinture, sont restées intactes ;

4° Des expériences ont été faites sur des sacs renfermant des matières inflammables ; les sacs étaient préparés par le nouveau système, et le feu très-vif, entretenu pendant trois quarts d'heure, n'a pu les entamer ;

5° Une toiture en bois a été soumise au feu, sans être atteinte en aucun endroit ;

6° Un théâtre complet, ses planchers, ses côtières, coulisses, murailles de fond, toiles roulantes, bandes d'air, cordages, enfin tout l'agencement au complet a été livré aux flammes à trois reprises différentes, sans succès ; le théâtre entier est resté intact.

La semaine dernière, de nouvelles expériences concernant les procédés de M. Carteron ont encore eu lieu à Neuilly, en présence d'une commission.

Ces expériences ont porté d'abord sur des tissus de tulle, sur des pièces de calicot qui avaient reçu l'enduit spécial de l'inventeur, et auxquels on n'a pu communiquer le feu par le contact prolongé d'une bougie et d'une torche enflammées.

Sous le plancher d'un théâtre, construit pour la circonstance et muni de tous ses accessoires, on a introduit des copeaux de bois de sapin, de la paille, des tisóns enflammés, et, pour rendre la démonstration plus concluante, on a aspergé le tout, à différentes reprises, avec de l'essence de térébenthine; on a couvert ensuite le plancher, qui venait, pendant près d'une demi-heure, de résister à cette épreuve, d'un lit de paille et de copeaux, dont on a activé la combustion par de nouvelles aspersions d'essence. Malgré l'intensité de la flamme qui s'est ainsi produite, et qui enveloppait de ses tourbillons tous les décors, on a pu s'apercevoir que le feu s'éteignait de lui-même dès que l'essence, la paille et les copeaux étaient complétement brûlés. Une torche allumée a été laissée appuyée contre un châssis et s'y est consumée intégralement sans communiquer le feu à la toile.

La dernière expérience a porté sur un hangar ouvert à tout vent, et dont le toit était formé de légères voliges de sapin. On a amoncelé sous ce hangar de grandes quantités de paille et de copeaux, et une fois ces matières allumées, on a inondé toute la construction par des jets réitérés d'essence. Cette expérience n'a pas eu un résultat moins satisfaisant que les autres; on y a vu une nouvelle preuve de l'efficacité de l'enduit de M. Carteron pour empêcher la propagation de la flamme, et l'on peut espérer que le temps viendra sanctionner le succès d'une invention appelée à restreindre considérablement le nombre des sinistres causés par le feu. Voir *l'Indépendance belge*, 8 février 1858; *London journal*, 17 avril 1858.

Extrait du Journal des Jeunes Personnes.

Mars 1858, n° 5.

Je veux parler d'abord à nos chères abonnées de ce qui m'intéresse le plus à cause d'elles.

Depuis longtemps, effrayés du nombre toujours croissant des accidents causés par le feu et des morts affreuses qui enlèvent en peu de moments, après d'atroces souffrances, tant de jeunes femmes imprudentes et même des mères de famille expérimentées, les savants, les industriels, dans leurs études et leurs recherches, et bien d'autres, intéressés à conjurer un danger toujours présent, se sont préoccupés des moyens propres à diminuer la combustibilité des tissus. Déjà des expériences faites avaient prouvé que plusieurs substances délayées avec de l'eau, dans certaines proportions, mettaient la batiste, la toile, la plus fine mousseline même à l'abri de l'inflammation, en les rendant incombustibles. Voici que M. Carteron, chimiste français, vient de trouver un sel qui, mêlé à l'empois, rend incombustible le linge empesé avec cet empois nouveau; c'est à dire que l'étoffe prend feu, mais ce feu brûle sans flamme et sans se propager. Ainsi, un rideau empesé de la sorte, ou une robe de mousseline, mis en contact avec une flamme de bougie ou de foyer, brûleront à l'endroit du contact; un trou y sera fait, et là se bornera le dommage; il n'y aura point d'incendie. On a fait de ce procédé, et d'autres dus aussi à M. Carteron, des expériences réitérées sur les matières les plus inflammables, telles que des toiles ou des bois de sapin, sur lesquels on avait projeté de l'essence de térébenthine, et les expériences ont pleinement réussi Gloire à M. Carteron, si ce succès est réel, et grâces lui soient rendues.

Extrait du Journal le Télégraphe de Bruxelles.

15 Juin 1858.

On nous écrit de Paris :

« L'incendie qui vient de détruire les vastes magasins du Grand-Condé a reporté l'attention sur le système d'ininflammabilité dont il a été question il y a quelques mois, et qui a été sanctionné par diverses expériences publiques. On se rappelle que l'auteur de ce système (M. Carteron), à l'aide d'une préparation qu'il fait subir à toutes les matières inflammables, parvient à leur donner une propriété toute contraire, c'est à dire qu'au lieu de brûler et de communiquer le feu, ces mêmes matières arrêtent les progrès d'un incendie.

« On s'est demandé si les procédés de M. Carteron resteraient efficaces dans une catastrophe de la nature de celle qui vient d'attrister le faubourg Saint-Germain, et si les soies, les tulles, les dentelles, les rubans, toutes les matières légères, en un mot, qui forment le fonds d'un magasin de nouveautés, résisteraient à un incendie considérable.

« J'ai eu la curiosité de soumettre la question à M. Carteron lui-même; sa réponse a été bien simple : Le plus grand incendie commence par un petit feu; si le premier ruban brûlé eût été ininflammable, le feu ne se serait pas communiqué aux autres; en d'autres termes, le feu se serait arrêté dès qu'il n'aurait plus eu d'aliment, et toute matière préparée, — que ce soit du bois, du carton, de la soie, de la laine, — loin d'être un aliment pour le feu, produit l'effet d'un étouffoir.

« Ma visite à M. Carteron m'a donné l'occasion de voir par moi-même les nouvelles applications qu'il a faites de son système d'ininflammabilité : j'ai vu des fleurs artificielles, des mousselines, des baréges au coloris brillant, et cependant tous ces objets avaient subi la préparation sans que la moindre couleur eût été ternie.

« J'ai vu aussi des bâches pour wagons de marchandises rendues incombustibles, des gargousses contenant de la poudre et pouvant braver le contact du feu; bref, les matières les plus grossières et les objets les plus fragiles également préservés des atteintes des flammes.

« Ces résultats étonnent l'imagination, et on éprouve un regret sincère de ne pas voir se vulgariser davantage un pareil système, lorsqu'on considère d'un côté les terribles effets d'un incendie et que l'on constate de l'autre combien il serait facile de rendre tout incendie impossible. »

Extrait du Moniteur Municipal.

20 Juin 1858.

Le terrible incendie qui vient de détruire les magasins de nouveautés du Grand-Condé et les pertes matérielles que ce sinistre a produites, sont une preuve du danger que présentent les constructions dans l'état actuel; une peinture, dont l'efficacité est prouvée peut mettre les propriétaires et les locataires à l'abri de pareils malheurs.

Nous voulons parler de l'admirable découverte de M. Carteron, découverte qui a été expérimentée par tous les hommes compétents nommés par l'Administration supérieure, qui désirait connaître toute l'importance de cette découverte. Leurs Majestés l'Empereur et l'Impératrice ont assisté, à Neuilly, chez l'inventeur, à des expériences dont notre feuille du 17 décembre 1857 a rendu compte, expériences qui ont prouvé l'efficacité de cette ingénieuse invention.

M. Carteron prépare de même un apprêt qui, par son application aux tissus, les rend ininflammables. Nous avons vu des perses, des mousselines, etc., pour ameublement, avec leurs couleurs brillantes, préparées par ce nouveau procédé; nous avons essayé de les incendier, sans succès...

Que de malheurs évités par ce système de peinture pour les constructions, et que de victimes sauvées d'une mort terrible et affreuse! quelle sécurité pour les mères de famille, qui ne craindront plus de voir leurs enfants brûlés, grâce à cet apprêt pour les tissus!

La découverte de M. Carteron est immense, ses applications sont sans nombre, et elle mérite de fixer l'attention publique, car c'est ici une question d'intérêt général; c'est la sécurité pour tous, c'est le véritable palladium des existences et des fortunes; mais nous mettrons bientôt nos lecteurs à même d'apprécier les avantages d'une invention qui doit mériter à son auteur la reconnaissance publique, comme elle est acquise à tous ceux dont les découvertes profitent à l'humanité.

Extrait du Journal le Pays.

1er Juillet 1858.

Tout Paris s'occupe encore de ce vaste incendie qui a dévoré en quelques heures la maison du Grand-Condé, et que n'ont pu arrêter les forces humaines aidées d'un courage surhumain. Néanmoins, personne n'a péri dans ce grand désastre; les produits de l'industrie sont garantis par l'assurance; la charité vient en aide aux plus malheureux : tout peut donc se réparer, et bientôt, sans doute, un établissement plus splendide s'élèvera sur cet amas de décombres.

Tout peut se réparer... hélas ! excepté la perte des œuvres d'art. Mme Delaporte-Bessin, l'habile peintre de fleurs, professeur de la Maison impériale de Saint-Denis, a vu disparaître dans les flammes du Grand-Condé les travaux de toute sa vie et jusqu'aux médailles d'or qui lui avaient été décernées dans nos expositions de peinture. De ses beaux tableaux sur vélin, de ses deux cents études peintes, fruit de vingt-cinq années de travail, il ne reste rien, rien que les débris d'un petit album contenant les ébauches de ses principales compositions.

L'industrie de Lyon, de Mulhouse, de Rouen, de Lille pourra remplir en quelques jours des magasins dix fois plus vastes que ceux du Grand-Condé; les assureurs remplaceront bien des meubles de palissandre et des pendules de Boule, le printemps prochain nous donnera des roses aussi fraîches que celles qui viennent de s'effeuiller; mais quel assureur remplacera les bouquets de fleurs écloses sous la main de Mme Delaporte-Bessin?

Elle était l'élève préférée de Redouté, qui lui avait transmis toute la magie de sa palette, toute la limpidité de sa manière. Quand bien même le découragement ne l'empêcherait pas de reprendre ses pinceaux, elle-même pourrait à peine refaire cette œuvre considérable, et en combien d'années!

Tous ceux qui connaissent ce talent si pur et si gracieux accorderont un regret à ces belles fleurs, à ces frais bouquets des champs, à ces touffes de camélias, à ces corbeilles de roses qui ne devaient jamais se flétrir et qui ne sont plus qu'un peu de cendre.

Cet incendie n'aurait cependant pas eu lieu si l'emploi de l'agent découvert par M. Carteron n'avait pas été négligé. Cet agent, dont de nombreuses expériences ont si bien démontré la complète efficacité, et qui, récemment encore, vient de préserver de l'incendie une maison de la rue Richelieu, a sauvé avant-hier la vie à un enfant de trois ans et demi.

Cet enfant, fils de l'un de nos amis, jouait, assis par terre, près de sa mère, occupée à écrire une lettre. Il avait ramassé par terre une allumette et avait allumé quelques morceaux de papier tout à côté de sa petite robe. Sa mère, sentant le papier brûlé, se retourne à la hâte et s'élance sur l'enfant; mais heureusement la robe était empesée avec l'empois Carteron. Le côté qui avait été en contact avec la flamme était carbonisé, mais le feu ne s'était pas communiqué. Sans cet empois, le malheureux enfant était perdu.

Il est inouï que lorsque les accidents sont si fréquents, on néglige encore d'employer un agent aussi certain que celui-là.

Extrait du Journal,

19 Septembre 1857.

Hier, à Sablonville, nous avons assisté à de nouvelles expériences publiques faites par M. Carteron, l'inventeur de l'agent chimique qui rend ininflammables les bois, les étoffes, le papier, etc... Six ou huit cents personnes étaient réunies dans l'enclos où se faisaient les expériences. M. Carteron avait élevé un théâtre; il y a mis le feu, et ensuite, en guise d'eau, il a lancé sur ce feu de l'essence de térébenthine avec une pompe à incendie. On juge de la flamme épouvantable que cela produisait; la flamme montait à la hauteur d'une maison, une colonne de fumée noire s'élevait dans le ciel; la flamme de l'essence éteinte, on a vu que le théâtre était resté debout : les toiles étaient calcinées, carbonisées aux endroits en contact avec le feu, mais à côté le feu ne gagnait pas, elles restaient intactes.

On a rempli de copeaux des sacs préparés avec le nouveau produit. Sur ces sacs, on a versé le charbon embrasé d'un fourneau; on a mis à côté des sacs de copeaux non préparés; les sacs non préparés ont été consumés en un instant, les autres n'ont pas brûlé, malgré l'ardeur du feu. Mais, de toutes ces expériences, voici celle qui a le plus frappé les spectateurs et les femmes surtout : on avait élevé une espèce de hangar à l'entrée duquel on avait placé des rideaux de tulle et de mousseline disposés comme des rideaux d'alcôve. Sous ces rideaux, on a placé des bougies allumées, dans les plis on a jeté des bottes d'allumettes enflammées : les rideaux n'ont pas pu brûler. La bougie allumée, laissée une demi-heure en contact immédiat avec un rideau de mousseline, n'y a fait qu'une tache noire et carbonisée à peine large comme une pièce de cinq francs.

Pour obtenir ce résultat, il suffit d'acheter le liquide préparé par M. Carteron et de le mêler à l'amidon fait à froid, ou à l'amidon cuit dans la proportion de 125 grammes pour un litre. Le prix de ce liquide est extrêmement peu élevé, de sorte qu'il n'en coûtera presque rien à une femme pour se mettre, elle, ses enfants et son mobilier, à l'abri de l'incendie.

Je n'ai pas besoin d'entrer dans de plus grands détails sur des expériences si concluantes et que j'ai décrites il y a quelques jours. Les récents incendies du *Moniteur* et du restaurant du Pont-de-Fer avaient donné à ces expériences un intérêt tout actuel. Aussi les assistants étaient-ils nombreux. Parmi eux, j'ai aperçu M. Plantade, du ministère de la maison de l'Empereur; M. Tremblaire, inspecteur général de l'imprimerie et de la librairie au ministère de l'intérieur; M. Cachetel, chef de service au chemin de fer d'Orléans; M. le vicomte Clauzel, inspecteur général au chemin de fer d'Orléans; M. Viel, architecte du Palais de l'Industrie; M. Cendrier, architecte du chemin de fer de Lyon; M. Uchard, architecte des Ecoles de la ville de Paris; MM. de Dampcourt, Daunay, Saussay, architectes; M. Ancelle, maire de Neuilly; MM. les directeurs du Vaudeville, du Palais-Royal, des Funambules, des Délassements-Comiques; le régisseur de la Porte-Saint-Martin; M. Ferrière, envoyé par le Conservatoire; M. le docteur Van-Hecke; MM. Commerson, Prevost, Mathieu, Barthélemy, etc., appartenant à la presse parisienne; M. Rommier, chimiste, rédacteur de la *Revue moderne;* M. de Rothschild, administrateur du chemin de fer d'Orléans; un administrateur du Théâtre-Italien, etc.

Des dames en très-grand nombre, des propriétaires, des commerçants, des artistes composaient le reste de l'assistance; tous ont admiré les résultats obtenus; toutes les dames se sont bien promis d'avoir recours à l'empois préservateur. Les femmes feront le succès de cette découverte. Nous autres hommes, nous sommes indifférents, sceptiques et routiniers: nous avons laissé mourir Salomon de Caux, nous avons emprisonné Galilée, nous avons dédaigné Papin et renvoyé Fulton. Les femmes n'auraient pas fait de ces sottises-là; elles s'enthousiasment pour ce qui est nouveau.

tandis que nous commençons par nous méfier et par nier. Est-ce sottise ? est-ce envie ?

Extrait du Moniteur.

26 Novembre 1858.

L'Empereur a reçu, au palais de Compiègne, M. Carteron, inventeur d'un nouveau système d'ininflammabilité. Des expériences ont eu lieu sur des tissus de toute espèce, l'épreuve a parfaitement réussi : aucun tissu, même le tulle, ne peut s'enflammer. Le succès est complet, et l'Empereur a félicité M. Carteron.

L'invention dont il est question ne saurait certes être trop préconisée, si elle est de nature à rendre désormais impossibles ces épouvantables événements, dont on a de trop nombreux exemples, qui commencent par l'inflammation d'un vêtement léger, et qui finissent toujours par la mort affreuse de la personne que les flammes ne tardent pas à entourer.

Il faudrait notamment que, tout d'abord, on imposât l'obligation de porter des voiles de tissus ainsi préparés à toutes les jeunes personnes admises à faire leur première communion ; car on sait que trop souvent de pauvres enfants ont été défigurées par la flamme des cierges communiquée au léger tissu des voiles.

Voir les journaux suivants :

La Banlieue, 20 juin 1858.
Le Messager, 23 juillet 1858.
La Patrie, 14 septembre 1858.
Le Courrier de Paris, 18 septembre 1858.
Le Constitutionnel, 7 novembre 1858.
Le Télégraphe de Bruxelles, 3 décembre 1858.
Le Mémorial de Lille, 3 décembre 1858.
Le Napoléonien d'Amiens, 3 décembre 1858.
Le Journal du Havre, 2 décembre 1858.
Le Nouvelliste de Rouen, 2 décembre 1858.

Extrait du Moniteur.

14 Janvier 1859.

MATIÈRES INCOMBUSTIBLES. — *Le Nouvelliste de Rouen* raconte en ces termes de nouvelles expériences très-curieuses, faites à Rouen, sur le procédé de M. Carteron, pour rendre incombustible toute espèce de tissus, papiers et matériaux de construction :

Des expériences, propres à faire céder les incrédulités les plus robustes, ont été faites devant les notabilités administratives et scientifiques. L'on peut considérer aujourd'hui la découverte de M. Carteron comme un fait acquis à l'humanité. M. Carteron, qui est Rouennais, ce que bien des gens ignorent peut-être, est venu à Rouen hier. Il a parcouru, en compagnie d'un ingénieur, la ligne du chemin de fer pour se rendre compte des différents points où l'application de son procédé pourrait être faite dans un délai très-rapproché. L'invention de M. Carteron étant à la fois d'un intérêt local et général, il ne sera pas inutile d'expliquer en quelques lignes en quoi elle consiste. Une composition chimique, dont l'inventeur a le secret, a la propriété de rendre incombustibles les objets auxquels elle est fixée. Cette composition, qui, isolée, a l'apparence d'une poudre blanche, se mélange, sans les altérer en rien, à tous les corps liquides ou en liquéfaction, ce qui rend ses applications innombrables. Cette composition, mêlée à l'huile, revêt les charpentes; les parquets, les tableaux, les décors d'un vernis incombustible. Mêlée à la pâte ou appliquée à la superficie du papier, elle a les mêmes effets. Pour les tissus, les étoffes, les tulles, les gazes, la composition de M. Carteron remplace l'amidon. Elle donne aux étoffes à la fois l'apprêt et l'inappréciable avantage de l'incombustibilité.

La nature de cette incombustibilité est particulière et veut être définie. Le tissu enduit ou revêtu de la composition préservatrice, exposé à la flamme, ne conserve sans doute pas son état premier : il s'altère, se noircit, se consume : et là surtout gisait l'obstacle. Il ne s'enflamme pas, c'est seulement dans la partie soumise à l'action directe de la flamme qu'il s'altère et se décompose. Si l'on suppose un rideau de lit en contact avec la flamme d'une bougie, le rideau ne se consume qu'à l'endroit où il touche à la flamme. Le feu ne se communiquera jamais aux autres parties du rideau.

On comprend quelles innombrables applications se présentent, quelles perspectives s'ouvrent à l'industrie dans toutes ses branches les plus diverses. Par sa nature essentiellement soluble, le procédé de M. Carteron peut, sans apporter aucune perturbation dans les différens genres de fabrication, en devenir un élément précieux et inséparable.

Une expérience récemment faite sur la ligne du chemin de fer de Paris à Rouen a une haute signification. Une masse de charbon enflammé a été posée sur des madriers recouverts de l'enduit incombustible. Elle y est demeurée jusqu'à sa complète extinction. Le bois est resté intact et la peinture préservatrice a été seulement boursouflée et altérée.

Dans un théâtre, où tout le matériel, planches, décors, toiles de fond, avait subi la préparation dont nous parlons, le feu a été mis. Des copeaux amoncelés ont été embrasés. Des jets d'essence de térébenthine ont été lancés dans toutes les directions. Rien n'a été brûlé du matériel, et les flammes qui léchaient les toiles légères se sont éteintes sans les entamer. Sans sortir du théâtre, on peut s'imaginer combien il serait à désirer que les jupes de tulle et de gaze des actrices subissent cette préparation. Bien des accidents qui se sont produits récemment, et dont on est chaque jour menacé, deviendraient impossibles. Les crinolines des dames ne courraient plus risque de s'embraser pendant le contact fugitif avec le feu d'une cheminée, et cet attirail de la coquetterie féminine ne serait plus, comme il l'a souvent été, un attirail de destruction et de mort.

Extrait du Moniteur.

15 Janvier 1859.

En vertu des ordres de M. le préfet de police, des expériences sur le procédé Carteron, ayant pour but de rendre incombustibles les bois et les étoffes, ont été faites hier, à une heure de l'après-midi, en présence d'une commission, dans la cour de la caserne de la rue de la Paix, occupée par les sapeurs-pompiers de la ville de Paris. Des toiles et autres objets, préparés à l'aide de ce procédé, ont résisté à l'action du feu.

Voir *Presse*, du 8 janvier.
Figaro, 14 id.
Courrier de Paris, 14 id.
Nouvelliste de Rouen, 12 id.
Ami des Sciences, 23 id.
Constitutionnel, 23 id.
Indépendance belge, 21 id.

Extrait de l'Algérie agricole, commerciale, industrielle,

Numéro d'Août 1859.

De nos jours, comme à diverses époques de l'antiquité, des hommes dévoués à la science ont recherché le moyen d'empêcher la combustibilité des matières les plus inflammables, et de rendre ainsi les incendies de plus en plus rares.

Aucun, jusqu'ici, n'a obtenu les résultats qu'il était en droit d'attendre, et les systèmes livrés au public n'ont donné que des résultats imparfaits ou tout au moins d'une application restreinte.

Nous devons reconnaître toutefois que les expériences faites sur le nouveau procédé dont nous entretenons nos lecteurs ont démontré une fois de plus qu'une substance chimique ne peut prévenir la destruction par le feu des matières combustibles.

Lorsque, en effet, on expose à un foyer ardent une matière organique, quelle que soit la couche préservatrice, on ne pourra jamais empêcher sa décomposition par l'action du calorique. Mais si les objets exposés à devenir la proie des flammes sont recouverts d'une couche de sel inaltérable au feu, il est évident que cette couche saline, enveloppant dans toutes ses parties la matière combustible, la met à l'abri du contact de l'air. Sans doute l'objet soumis à l'action immédiate du foyer sera détruit; mais comme il ne peut se combiner avec l'oxygène de l'air atmosphérique, il ne brûlera pas avec flamme; par suite, il ne communiquera pas l'incendie aux corps qui l'environnent. Voilà dans quel sens M. Carteron, l'inventeur du procédé en question, rend ininflammables les bois, les huiles, les goudrons, les pailles et les tissus de toute nature.

S. M. l'Empereur Napoléon III, qui ne laisse jamais échapper aucune occasion de doter son règne de découvertes utiles, a montré notamment combien il prenait à cœur d'encourager tous ceux qui espéraient avoir résolu le problème de l'incombustibilité. Il a suivi plus d'une fois, avec intérêt, des expériences faites à ce sujet, et, à l'heure où nous écrivons, son attention est portée vers la nouvelle matière qui résout ce problème.

Aucun agent chimique ne remplit mieux les conditions d'ininflammabilité que le procédé Carteron. Des expériences très-sérieuses ont été faites en présence du conseil des bâtiments du département de la Seine, devant tout ce que Paris a de lettrés et de savants. Jamais il n'y a eu d'insuccès.

On a incendié des chalets en paille et bois, des tentes en toile, des décors de théâtre de toute espèce, tout a résisté.

On a exposé une planche de sapin de cinq millimètres d'épaisseur à la chaleur intense du gaz pendant cinquante minutes, elle s'est carbonisée sans aucune flamme. Il n'y a donc plus à craindre la propagation de l'incendie dans les établissements où les sinistres sont si fréquents et si terribles, notamment dans les magasins contenant des fourrages, des huiles, des alcools, des tissus, dans les théâtres, dans les fermes, etc.

Appliqué aux navires, le procédé que nous préconisons aurait un immense avantage au point de vue de la conservation du bâtiment lui-même, de sa cargaison et de son équipage.

Facilement applicable à la paille, l'enduit Carteron préservera de destruction des villages tout entiers. L'emploi du chaume rendu ininflammable est un bienfait pour les populations agricoles.

Enfin en Algérie, où les causes d'incendie sont si fréquentes et où les moyens d'y remédier sont en raison inverse de la facilité avec laquelle le feu peut se communiquer, il serait vivement à désirer que le nouveau système d'ininflammabilité fût essayé et appliqué, surtout dans un prochain avenir, aux magasins, aux hangars, aux maisons et gourbis, aux récoltes, généralement entassées à proximité des habitations.

Nous ne rechercherons pas quelles sont les bases de la découverte de M. Carteron; qu'il nous suffise de dire que les matières dont s'est aidé l'inventeur sont à bon marché, et que leur efficacité résulte de l'heureuse combinaison qui en a été faite. La discrétion, du reste, nous oblige de passer sous silence le nom de ces matières et leur préparation, qui doivent devenir naturellement l'objet d'un commerce dont l'inventeur se réserve la propriété. Tout ce que nous pouvons répéter, c'est que les expériences faites avec les matières les plus combustibles n'ont jamais trompé l'attente des expérimentateurs. Les huiles, les résines, les alcools, les gaz ne sont point des causes d'insuccès.

L'autorité supérieure ne manquera certainement pas de rappeler les ordonnances précédemment faites contre les causes d'incendie; elle est fixée sur l'efficacité du nouveau procédé Carteron, et déjà l'Empereur a récompensé l'inventeur en lui décernant une médaille d'or à la suite des belles expériencees faites dans les châteaux impériaux.

A. Noirot.

Extrait du Nouvelliste de Rouen,

26 août 1859.

Notre exposition vient de s'enrichir d'un nouveau produit sur lequel il n'est pas superflu d'appeler l'attention, nous voulons parler des objets rendus incombustibles par les procédés de M. Carteron.

Nous avons déja eu occasion de parler de ce procédé et des expériences qui en ont été faites, notamment au commencement de cette année, sur la ligne du chemin de fer de Paris à Rouen.

Le procédé de M. Carteron s'applique à tous les corps combustibles dont la vitrine qui vient d'être placée dans la galerie de la deuxième classe contient des échantillons. Cette vitrine contient des bois, des tissus, des peintures, des amidons, des matières premières.

Pendant la visite qu'ont faite hier à l'exposition les membres du conseil général, M. Carteron a fait devant eux des expériences d'un grand intérêt. Les visiteurs ont voulu emporter des échantillons de tissus rendus incombustibles. Ces expériences, que M. Carteron voudra sans doute renouveler pendant la durée de notre exposition, ne peuvent manquer d'avoir un grand succès. Elles auront, en outre, le résultat de populariser un procédé dont l'application est également utile sur une grande et sur une petite échelle, dans la construction des maisons, comme dans une foule de détails de la vie usuelle.

Si nous insistons sur ce fait, c'est que M. Carteron, qui est Rouennais, va doter notre ville d'une nouvelle industrie. Il se dispose à créer, dans l'établissement de M. Napoléon Gallet, un vaste atelier pour la préparation en grand de ses tissus.

Nous n'entreprendrons pas d'énumérer les différentes applications du procédé Carteron, ni de démontrer leur utilité. L'incombustibilité des tissus! n'est-ce point en dire assez. Que d'accidents terribles et fréquents se trouvent évités, les robes, les voiles, les rideaux, autant de causes de destruction supprimées. Le tissu se noircit, se calcine, il ne flambe plus. L'Empereur, qui a toujours suivi avec un vif intérêt la marche de cette découverte, dont il devinait l'avenir, a fait à M. Carteron de nombreuses commandes pour les châteaux impériaux. Une particularité. Pendant la campagne d'Italie, l'Empereur portait avec lui un petit coffret en bois très-léger, très-simple, construit par Tahan et ayant une serrure Ficher. Le bois de ce coffret avait été soumis au procédé Carteron, et l'Empereur lui-même en avait fait l'épreuve en le remplissant de braise ardente.

Nous nous bornerons pour aujourd'hui à appeler l'attention sur le nouveau produit exposé. Nous aurons occasion d'y revenir.

Extrait du journal le Commerce.

4 Septembre 1859.

Le maison portant le numéro 138 de l'avenue des Champs-Elysées a été dernièrement le théâtre d'un douloureux événement :

Une dame anglaise, Mme Julia B..., âgée de vingt-cinq ans, arrivée à Paris avec son mari depuis huit jours seulement, a été victime d'un de ces terribles accidents occasionnés par l'imprudence des fumeurs.

Il était midi environ. La jeune femme, vêtue de blanc, était dans sa chambre, se disposant à sortir. Le mari entre, prend une allumette chimique et allume son cigare. L'allumette enflammée est jetée par lui dans la cheminée. La dame s'en approche pour donner dans la glace un dernier coup d'œil à sa toilette; la robe prend feu, et les flammes ne tardent pas à envelopper tout le corps.

Epouvanté, hors de lui, l'auteur involontaire de l'accident, le mari, se précipite sur sa femme et tente d'arrêter avec ses mains les progrès de la flamme. Vains efforts! il se brûle les mains et les bras, et l'action des flammes n'en continue pas moins ses ravages.

Bientôt le corps et la figure sont horriblement brûlés, et lorsque des voisins accourus aux cris poussés par la victime, parviennent à éteindre le feu, il était trop tard. Cependant Mme B... vivait encore, et n'a succombé que quelques jours après, à la suite des plus atroces souffrances.

C'est dans des circonstances aussi fâcheuses, qu'il est regrettable de ne pas voir donner à certaines recherches, faites dans le but de prévenir d'aussi terribles accidents, toute la publicité qui leur est due.

M. Carteron, ingénieur, est inventeur entre autres produits relatifs à l'inflammabilité, d'un empois, la carteronine, qui, employée à l'état ordinaire, rend les robes, les rideaux, tous les tissus en un mot, ininflammables. Nous avons vu des expériences concluantes, et nous souhaitons vivement voir nos dames ne plus se servir d'aucun autre mode d'empesage, ce à quoi d'ailleurs elles sont les premières intéressées, puisque c'est presque toujours par l'inflammation de leurs vêtements qu'arrivent les événements fâcheux dont à regret nous signalons encore aujourd'hui un exemple.

Extrait de la Patrie,

17 Septembre 1859.

Il ne se passe guère de semaine sans que les journaux soient dans la triste obligation de rapporter à leurs lecteurs le récit de la mort de jeunes enfants ou de femmes brûlés dans leurs vêtements, soit par leur propre imprudence, soit par la négligence d'autrui. Un seul numéro de la *Patrie*, celui du 3 septembre, contenait la relation de trois de ces accidents. Une dame anglaise, Mme Juha, a péri après avoir eu ses vêtements enflammés par leur contact avec une allumette jetée près d'elle par un fumeur. Une autre dame, Mme Viéville, en approchant une bougie de ses rideaux, y a mis le feu; la flamme s'étant communiquée à ses vêtements, elle a été cruellement brûlée, et il en est arrivé autant à sa domestique, dans les efforts qu'elle a dû faire pour préserver sa maitresse. Enfin, un ouvrier de Grenelle, après avoir d'abord fortui tement mis le feu chez lui au moyen du tabac allumé dans le fourneau de sa pipe, a péri, brûlé dans ses vêtements.

Les allumettes jetées tout incandescentes sur la voie publique ont déjà coûté la vie à beaucoup de femmes; les rampes des théâtres et des cafés-concerts ont eu leurs victimes; et si nous voulions rechercher tous les accidents de ce genre survenus depuis une ou deux années seulement, sans nul doute leur simple nomenclature suffirait à remplir plusieurs colonnes de ce journal.

Je n'ai jamais pu, en présence de pareils événements, me rendre compte de l'espèce d'apathie dont fait preuve le public.

Tous tant que nous sommes, lorsque nous apprenons qu'une personne, après avoir eu ses vêtements brûlés en quelques minutes, est morte au milieu des plus cruelles souffrances, nous frémissons, nous nous apitoyons sur le sort de la victime; cette impression dure quelques minutes, quelques heures tout au plus, puis nous l'oublions bien vite, sans songer que l'accident qui a frappé si cruellement un autre aujourd'hui peut atteindre demain nous ou les nôtres, nous ruiner ou nous tuer, et nous ne faisons rien pour le prévenir ou l'éviter.

L'incendie, non pas seulement celui qui tue les femmes et les enfants dans leurs vêtements légers, mais l'incendie dans sa généralité, celui qui détruit les maisons, les usines, les granges et les récoltes qu'elles renferment, et trop souvent des villages tout entiers, est certainement le fléau le plus funeste de tous ceux que les hommes ont à redouter, celui qu'on doit s'attacher à prévenir avec le plus d'énergie. Déjà dans cette feuille, nous avons constaté qu'au moyen de préparations chimiques très-peu dispendieuses, un manufacturier, M. Carteron, est parvenu à rendre complétement ininflammables les matières les plus combustibles, le bois, divisé en parcelles de la plus grande ténuité, le coton cardé, les tissus de coton ou de lin les plus déliés et les plus fins, tulles, mousselines, jaconas ; les peintures à l'huile, à l'essence, au vernis, les toitures de chaume, enfin toutes les substances sans exception.

Nous avons déjà rapporté dans cette feuille les expériences dont nous avons été témoin, soit au Cercle de la Presse scientifique, soit ailleurs, de tulles, de toiles à bâches vernies, préparées par le procédé indiqué, et qui, mises en contact direct et prolongé avec la flamme, ont constamment résisté à son action. Il est démontré pour nous et pour tous ceux qui ont assisté à ces curieuses expériences que l'on pourra, aussitôt qu'on le voudra, préserver de l'incendie les meubles, les maisons, les granges, les ateliers, les théâtres, les papiers précieux, les titres, les contrats, les archives, les livres de commerce, les billets de banque, les valeurs en papiers de toute espèce, et surtout les vêtements les plus inflammables, qui sont parfois si funestes aux femmes.

Que pouvons-nous faire de plus que de répéter ce que nous avons dit déjà et d'espérer que quelques peintres décorateurs, quelques fabricants d'étoffe intelligents et bien inspirés voudront employer leurs efforts et leur activité à généraliser l'emploi d'un procédé destiné à épargner à la société bien des pertes matérielles et à sauver bien des existences.

Extraits de divers Journaux.

La demoiselle C.... lingère, habitant une mansarde place

Royale, allumait hier au matin, à l'aide de copeaux, un petit fourneau portatif. Sans qu'elle s'en aperçût, le feu prit au bas de sa robe, et, en quelques instants, elle se vit environnée de flammes. N'osant réclamer du secours, elle parvint à éteindre elle-même l'incendie, qui avait déjà gagné le mobilier; mais cet effort de courage avait épuisé ses forces, elle tomba privée de sentiment sur le carreau de sa chambre.

En ce moment les voisins, avertis par la fumée et l'odeur de brûlé qui s'étaient répandues dans la maison, enfoncèrent la porte et donnèrent des secours à la demoiselle Flore, qui a été transportée à l'Hôtel-Dieu dans un état fort inquiétant.

(*Droit*, 16 septembre.)

La nouvelle d'une catastrophe affreuse est venue hier frapper d'une impression bien douloureuse la population de Nancy. Mme A. Lenglé, femme de M. le préfet de la Meurthe, écrivait, avant-hier samedi, à trois heures, près de la cheminée du salon du château de Tomblaine, lorsqu'une étincelle mit le feu à sa robe de percale blanche. Mme Lenglé se précipita dans l'escalier, puis dans le jardin, enveloppée par les flammes qui la dévoraient. Les soins les plus habiles, les plus dévoués lui furent prodigués, mais inutilement; elle expirait hier, à deux heures de l'après-midi, dans les bras de son fils, après des souffrances horribles.

Mme Lenglé était aimée, vénérée de tous; sa bonté, son affabilité, sa bienfaisance étaient connues, et sa mort est un deuil public. M. A. Lenglé était absent. Prévenu par le télégraphe, il n'a pu cependant arriver qu'hier à trois heures.

Au moment où nous écrivons, la ville entière est sous le coup de cet épouvantable malheur.

(*Journal de la Meurthe*, 16 septembre.)

Le terrible accident dont Mme Pommez, de Bordeaux, a été victime, ne s'est pas produit dans les circonstances que nous avons rapportées hier, d'après la *Gironde*. Mme Pommez revenait de la campagne; il était tard, et sentant un peu de froid aux pieds en rentrant, elle s'approcha d'une cheminée où il y avait du feu. Amplement vêtue comme sont aujourd'hui toutes nos dames, la robe de Mlle Pommez, mal contenue avec une main, ne put éviter le contact de la flamme, et aussitôt elle fut mise en combustion. Aux cris poussés par la victime, on accourut; mais le mal était si grave que tout secours était devenu inutile, et que Mme Pommez succombait le lendemain matin, après d'horribles souffrances.

Cercle de la Presse scientifique.

NOUVEAU MOYEN POUR PRÉVENIR TOUS LES INCENDIES.

Ce serait une interminable et surtout une lamentable histoire que celle des désastres et des morts violentes causées par les incendies. Il ne s'écoule pas une semaine, ou plutôt pas un jour qui ne fournisse le récit de tortures éprouvées par de pauvres enfants, par de jeunes femmes, brûlés dans leurs vêtements.

Aussi, depuis longtemps, physiciens et chimistes, industriels et savants, ont cherché et indiqué des moyens plus ou moins efficaces, soit d'éteindre le feu lorsqu'il est allumé, soit de rendre absolument incombustibles les matières qui sont de nature à lui fournir un aliment. Ce dernier résultat paraît être obtenu de la manière la plus complète par l'emploi d'un procédé dont les détails nous sont encore inconnus, mais dont les effets ont été exposés avec succès par son inventeur, M. Carteron, devant les membres du Cercle de la Presse scientifique, dans sa dernière séance.

C'est principalement avec des tissus qu'ont été faites les démonstrations. M. Carteron a exposé, successivement et pendant plusieurs minutes, à la flamme des bougies, des toiles dites perses, ordinairement employées à l'ameublement, des mousselines très-fines, des tulles et des fils de coton, des indiennes, des jaconas, des toiles à bâches, peintes à l'huile, destinées à couvrir les prolonges de l'artillerie, des fleurs artificielles en papiers excessivement minces, etc., etc.; aucun de ces objets, malgré leur combustibilité extrême dans leur état ordinaire, n'a pu être enflammé.

L'intensité de la chaleur a bien carbonisé la substance des tissus aux endroits où ils étaient soumis au contact de la flamme, mais en ces endroits seulement; à un millimètre de la flamme, l'action de celle-ci n'altérait pas même les couleurs, pourtant très-fugaces, de l'impression.

Le bois, la paille, les essences sont également rendus incombustibles par le procédé de M. Carteron. Des paillassons de jardin, qui, après avoir été ainsi préparés, étaient demeurés pendant plusieurs mois exposés aux injures de l'air, ont également résisté à l'action prolongée de la flamme.

Des tissus en bourre de soie commune réunissent à la propriété d'être incombustibles celle d'être imperméables à l'eau, d'où est résulté cette singulière expérience à laquelle nous avons assisté : de l'eau ayant été versée sur l'un de ces tissus et placée au-dessus de la flamme d'une bougie, l'eau est entrée en ébullition sans que le tissu ait été ni pénétré par l'eau ni altéré par le feu. Nous n'avons pas à nous occuper ici des conséquences pratiques de cette dernière application. Celles de l'incombustibilité des matières organiques en général sont trop évidentes pour avoir besoin d'être démontrées.

Dans tous les procédés du même genre imaginés ou découverts jusqu'ici, plusieurs obstacles principaux ont empêché le succès : la dépense trop élevée des préparations, le peu de durée de l'incombustibilité obtenue, l'altération des couleurs appliquées sur les objets à préserver, etc., etc. Quant à la dépense, M. Carteron affirme qu'elle est insignifiante, et, jusqu'à preuve du contraire, nous devons accepter comme vraie son affirmation. La vivacité et l'éclat des tissus et des fleurs artificielles, incombustibilisées, que nous avons sous les yeux, démontrent nettement que l'altération des couleurs n'est pas à craindre. Quant à la durée de l'incombustibilité obtenue, elle peut-être aisément perpétuée, et voici de quelle manière : si l'on soumet à l'action de la lessive un tissu quelconque, l'incombustibilité disparaît par le lavage ; c'est là une difficulté ; mais elle a été prévue par l'inventeur, de la manière la plus simple, c'est à dire la plus pratique : il prépare un amidon qui peut être employé à la manière ordinaire sans aucune difficulté, sans apprentissage, et qui rétablit l'incombustibilité détruite par le lavage. Le même résultat s'obtient sur tous les tissus en général.

Dans l'exposition faite devant le Cercle de la Presse scientifique, un fait imprévu, du moins pour les membres de l'assemblée, s'est produit. M. Carteron, après avoir imbibé une petite touffe de chanvre d'une huile de lin préparée par lui, la plongea dans la flamme d'une bougie. Non-seulement la touffe de chanvre ne put être enflammée, mais de plus, l'huile, en tombant sur la mèche, éteignit la bougie qui ne put être allumée qu'avec beaucoup de difficulté. Un rire et des applaudissements universels terminèrent ce petit incident, très-propre à démontrer l'efficacité du procédé. On en déduisait la certitude de pouvoir prévenir aisément les incendies sur les navires en mer, dans les théâtres, dans tous les lieux enfin où la nature des matériaux employés à des travaux accomplis rendent ces accidents aussi désastreux que fréquents et difficiles à combattre.

ININFLAMMABILITÉ DES TISSUS.

AUX MÈRES DE FAMILLE.

Les malheurs si fréquents et toujours si cruellement terminés, par suite de l'inflammation accidentelle des vêtements de dames ou de jeunes enfants, seront prévenus à l'avenir par l'emploi de l'amidon ininflammable, autrement dit la *carteronine*.

Les linges et tissus empesés avec cet amidon se carbonisent seulement à l'endroit touché par le feu, sans qu'ils puissent jamais s'enflammer, et par conséquent communiquer le feu aux autres parties du vêtement.

Le même procédé s'applique aux tissus d'ameublement, aux rideaux de croisées et de lit; pour les églises, aux ornements et linge d'autel, aux fleurs artificielles, etc., etc.

LL. MM. l'Empereur et l'Impératrice, qui ont bien voulu assister aux expériences de M. Carteron, — qui par d'autres moyens traite les bois, la paille, les cartons, le papier, l'huile, le goudron, etc., etc., — ont félicité l'inventeur de ses découvertes, appelées à rendre de si grands services à l'humanité.

DÉPOT CENTRAL

Chez MM. TELLIER Frères, 140, rue de Rivoli,

A PARIS.

www.ingramcontent.com/pod-product-compliance
Lightning Source LLC
LaVergne TN
LVHW012001160826
845678LV00002B/662

* 9 7 8 2 3 2 9 6 7 3 3 8 7 *